图书在版编目（CIP）数据

古人吃什么 / 姚依娜著. -- 西安 : 未来出版社, 2024.4
ISBN 978-7-5417-7661-8

Ⅰ. ①古… Ⅱ. ①姚… Ⅲ. ①饮食－文化－中国－古代－儿童读物 Ⅳ. ①TS971.2-49

中国国家版本馆CIP数据核字(2023)第254687号

GUREN CHI SHENME

# 古人吃什么

姚依娜 / 著

出 品 人: 李桂珍
选题策划: 赵向东 杜泊锐
责任编辑: 李 康
出版发行: 陕西新华出版 未来出版社
社 址: 西安市登高路1388号
邮政编码: 710061
电 话: 029-89122633
经 销: 全国各地新华书店
印 刷: 鹤山雅图仕印刷有限公司
开 本: 889mm×1 194mm 1/12
印 张: 4
字 数: 40千字
版 次: 2024年4月第1版
印 次: 2024年4月第1次印刷
书 号: ISBN 978-7-5417-7661-8
定 价: 38.00元

# 古人吃什么

画里有话

姚依娜/著

陕西新华出版
未来出版社
·西安·

# 三鲜大面

苏州人对吃一向考究，一碗面也会花尽心思，从汤、面条到浇头都十分讲究。苏州面条的浇头有五百多种，“三鲜大面”里的“三鲜”，指的是三种浇头；两种浇头叫“二鲜”，也叫“鸳鸯”。鱼肉双浇叫“红二鲜”，鸡肉双浇是“白二鲜”。三鲜大面的汤也很讲究，是用鸡骨、鸭骨、鳝骨、筒骨、火腿、螺蛳、猪皮等食材，加上多种香料熬制而成的。

## 头汤面

每天清晨，面馆开张，用第一锅清水煮的面条叫头汤面。

## 你知道吗，吃面也有“术语”

汤多面少叫“宽汤”，汤少面多叫“紧汤”；面条劲道叫“硬面”，面条软烂叫“烂面”；浇头不倒进面里叫“过桥”；多放蒜叶、葱花叫“重青”，不放蒜叶叫“免青”；面多浇头少叫“重面轻浇”，面少浇头多叫“轻面重浇”，不要浇头叫“免浇”。

● 清·徐扬《姑苏繁华图》局部

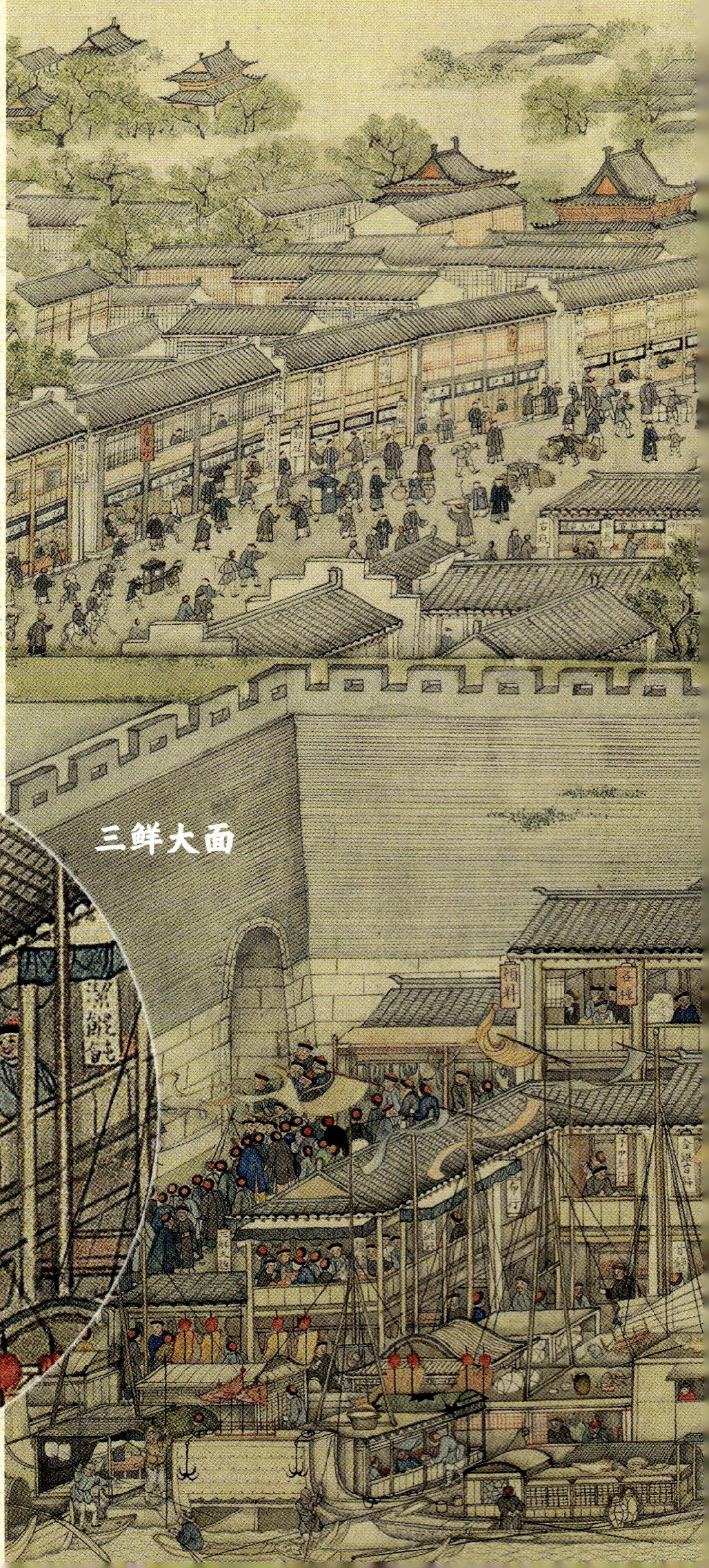

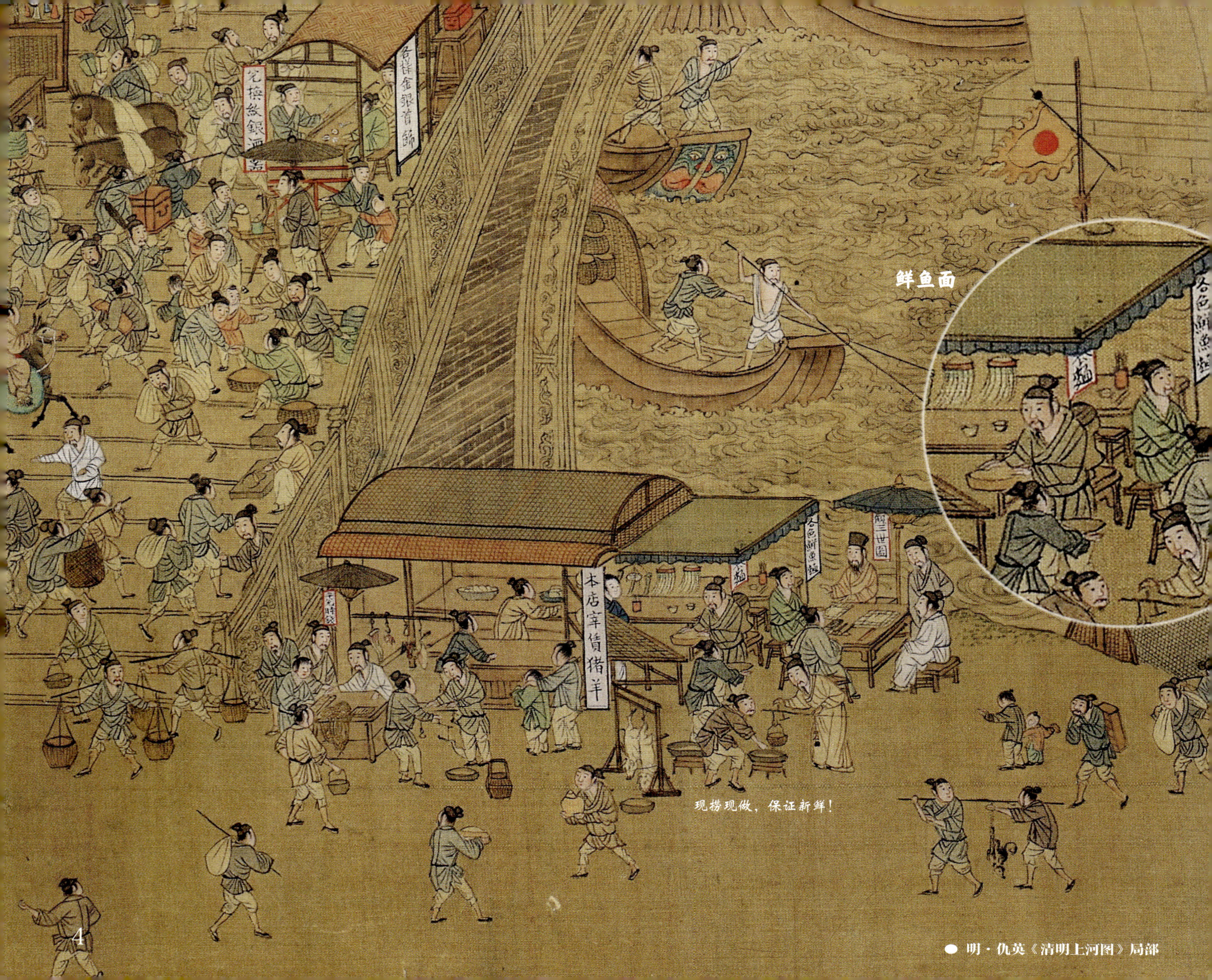


● 明·仇英《清明上河图》局部

## 浇头

浇头是面上加的菜肴。浇头有肉的，有素的。在不同的地区，浇头的叫法也不同：有的地方叫“卤”，有的地方叫“臊子”。

## 中国人是什么时候开始吃面条的

汉魏时期，人们使用石磨和罗，将面粉与麦麸分离，让面粉变得细腻，小麦的吃法就从整粒吃发展为磨成面粉食用，面食的吃法也逐渐丰富起来。面条最初被称为“饼”，因为在汤中煮熟，所以叫“汤饼”；北魏时期称为“水引饼”；唐代称为“不托”，又叫“索饼”“水溲饼”；宋代，才正式使用“面条”这个名字。2002年，考古人员在青海发现的一碗4 000多年前的面条，让中国人吃面条的历史变得更加久远。

## 面条里还有美好的祝福

在中国，面条不仅仅是填饱肚子的食物，更有我们对美好生活的期盼和祝福。有朋自远方来，要吃面条；过生日，要吃长寿面；有的地方结婚会吃面条，祝福新人天长地久；有的地方庆祝丰收也会吃面呢！

## 诗词拓展

### 苏州竹枝词

【清】章法

三鲜大面一朝忙，
酒馆门头终日狂。
天付吴人闲岁月，
黄昏再去闯茶坊。

# 烧　烤

烧烤的历史非常悠久，人类开始使用火时，就食用烤肉了。商周时期，人们把烧烤称为“炙”，是将肉穿成串放在火上烤。秦汉时期，烧烤开始流行。汉代人烧烤的食材丰富多样，有鹿、羊、鸡、鱼、猪、蝉等。右边的画中就描绘了古人在冬天用烧烤的方式吃鹿肉的场景。

## 古代烧烤的方式有哪些

古代烧烤的方式有三种：

第一种是燔（fán）——将食物直接放在火上烤；

第二种是炮——将食物用草或者湿泥巴包起来，放在火中烤；

第三种是炙——将食物切成小块儿，再穿成串放在火上烤。

## 宋代可以吃到哪些烧烤呢

宋代是美食的天堂，在宋代可以吃到哪些特色烧烤呢？

旋炙猪皮肉：将带皮的猪肉放在炭火上烤。

炙子骨头：将羊排腌制后放在炭火上烤。

炙金肠：将羊肠洗干净后，把剁碎的羊肉加调料灌入羊肠，用草绳将羊肠两端扎紧，再将羊肠扎分成数段，晾晒一段时间后，将风干好的羊肠剪下，用竹签穿好放在炭火上烤。

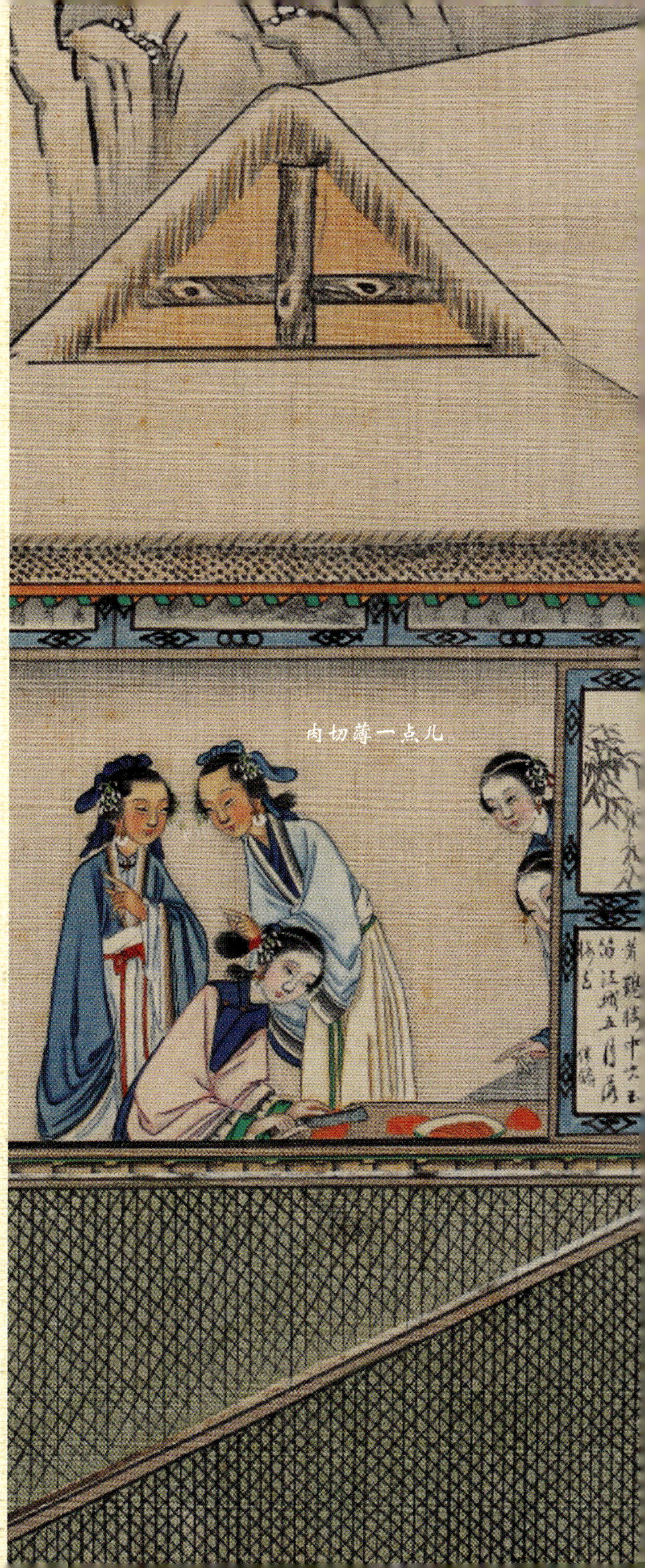

● 清 · 孙温《红楼梦》局部

要不要再多点两个菜？

● 明·刘俊《雪夜访普图》局部

## 古人为什么要吃鹿肉

现代人很少吃鹿肉，因为大多数鹿属于保护动物。但是在古代，鹿是十分常见的。

古代的狩猎活动是统治者和贵族的娱乐项目，而鹿是狩猎对象之一，捕获到的鹿常被视为战利品，鹿肉也就成为狩猎者的食物了。鹿肉瘦肉多、油脂较少，味道鲜美。此外，鹿肉有保健的功效，因此深受贵族喜爱。

## 古代能不能随便吃烤牛肉呢

汉代是牛耕迅速普及、推广的时期，因此，法律中体现出农业社会对耕牛的特别保护。后来，历朝历代都颁布禁止杀牛的法令。后唐庄宗同光二年（924年）大赦天下，但是，因屠牛进入监狱的人不能赦免。由此可见，国家对牛有多么重视了。

我保护动物的地位
是凭劳动得来的！

# 太学馒头

说起馒头，你一定想到的是嚼起来筋筋的、满口面香的食物。在古代，馒头和我们现在的馒头可是不一样的。

## 牢丸

西晋时期，一位叫束皙的人，写了一篇名叫《饼赋》的文章，文中记载了一种名叫“牢丸”的面食。牢丸是用上好的小麦粉加水揉成面团，做成牢丸皮；将羊肉或猪肉剁碎，加葱、姜、花椒、盐等做成圆球状的馅儿；然后将馅儿放入皮中，包成有褶皱的圆形牢丸；最后蒸熟，蘸醋吃。看到这里，你觉得牢丸和什么比较像呢？没错，和我们吃的包子做法很像。

## 唐代馒头

唐代的馒头是什么样的呢？唐德宗在位期间，赵宗儒在长安为官，他听宫中的宦官说皇帝早上起来吃的是消熊栈鹿馅儿的“玉尖面”。赵宗儒很好奇：“玉尖面是什么形状的？消熊栈鹿又是什么呢？”原来，玉尖面就是民间所说的“出尖馒头”，“消熊”是熊身体上极肥的肉，“栈鹿”是皇家精心饲养的鹿的嫩肉。可见，唐代也把包子称为“馒头”。只不过，这种消熊栈鹿馅儿的馒头只有皇帝才能吃到。

● 清 · 谢遂《仿宋院本金陵图》局部

清 · 姚文瀚《岁朝欢庆图》局部

## 宋代馒头

北宋时期，由于御厨（专给皇家做饭的厨师）只做羊肉馅儿的馒头，因此民间也流行吃羊肉馅儿馒头。后来，馒头的馅儿也丰富起来，有虾鱼馒头、蟹肉馒头、笋肉馒头……还出现了素馅儿的菠菜果子馒头，它是用栗子、松仁、核桃仁、姜米、熟菠菜、杏仁泥、芝麻泥等做成的“七宝馒头”。

宋代最有名的馒头还要属太学馒头。要想知道太学馒头是什么，先要知道太学是什么。太学是国家兴办的学校，是宋代的最高学府，相当于现在的大学。相传元丰初年（1078年）的一天，宋神宗去视察太学，正好赶上学生在吃馒头，宋神宗品尝之后，赞不绝口，并且说：“以此养士，可无愧矣！”太学馒头因此名扬天下。太学的学生回家探亲，还会带着馒头赠送给亲朋好友。

## 什么时候馒头和包子开始区分的呢

到了清代，馒头和包子终于区分开来。人们将有馅儿的馒头称为“包子”，将没有馅儿的馒头称为“馒头”。不过，在今天，有些地方依然把包子称为“馒头”。

# 香饮子

饮子也是凉水。这个凉水可不是我们所说的凉开水，而是果汁，如鹿梨浆、木瓜汁、卤梅水，或是用药物制成的汤饮，如沉香水。为什么称为凉水呢？那是因为它们适合在夏天饮用，清凉解暑。

香饮子店里主营饮子，到了宋代，人们将水果和饮子相结合，不断创新制作方法，使饮子开始大放异彩。

在《清明上河图》中我们能见到卖“香饮子”的摊位呢！当时的香饮子仍然保留保健功能，还会按季节推出多种爽口饮品，其中夏季饮品最多。

宋·张择端《清明上河图》局部

## 除了饮子还喝什么呢

宋代，流行喝“汤药”。汤药并不是我们现在所说的治病的药物，而是有保健功能的饮料。二陈汤是当时非常流行的汤药。随着季节的变化，汤药的品种也会有变化，比如夏季有缩脾饮，冬季有七宝擂茶馓子、葱茶等。

除了汤药，熟水在宋代也很流行。熟水原本指烧开的水，但是在宋元时期，熟水不仅仅指白开水，而是指有保健功效的饮品。有名的熟水有沉香熟水、丁香熟水、豆蔻熟水、紫苏熟水等。据说，李清照就特别喜欢喝豆蔻熟水。

宋·张择端《清明上河图》局部

## 渴水

渴水是夏季的一种清暑饮料，将果汁加糖熬成糖浆，喝的时候舀出一点儿加水稀释就可以了。制作渴水的原料有杨梅、木瓜、五味子等。

## 六饮都是什么呢

六饮是周代所有饮料的统称。六饮中排第一的是“水”，也是其他五饮的基础；米汤略微发酵变酸就是“浆”；谷物发芽之后再发酵，变成甜酒就是“醴（lǐ）”；将谷物炒熟、炒香加水煮成粥，再加水稀释就是“凉”；米直接煮成粥以后发酵，就是“医”；把谷物直接煮成粥，加水稀释就是“酏（yǐ）”。

## 诗词拓展

### 睡起闻米元章冒热到东园送麦门冬饮子

【宋】苏轼

一枕清风直万钱，
无人肯买北窗眠。
开心暖胃门冬饮，
知是东坡手自煎。

● 明 · 佚名《夏景货郎图》局部

# 冰　水

左边画中的货郎在卖什么呢？他在卖的是冰水，故宫的研究员们亲切地称他为“冷饮博士”。在中国古代，什么时候可以吃到冰镇的食物呢？周代的时候就可以吃到冰镇的食物了。

## 古代的冰从哪里来呢

在古代，采冰、藏冰有一系列的制度，周代就有专门管理采冰、用冰事宜的人——凌人。每年隆冬季节，河水冻结实了，周天子就命人凿冰并藏到冰窖里，供来年使用。在炎热的夏季，周天子也会颁冰——将冰奖励给诸侯、大臣。在唐代，有专门的部门——采冰户，采冰户按照规定的尺寸、数量采冰，并将采来的冰放入指定的藏冰地点。

## 老百姓能买到冰吗

唐代，长安城出现了销售冰的商人。不过，唐代的冰价格昂贵，不是普通老百姓可以消费的。到了宋代，不但有销售冰的商人，还有多种多样的冰镇食物，普通老百姓也能享受冰镇美食了。

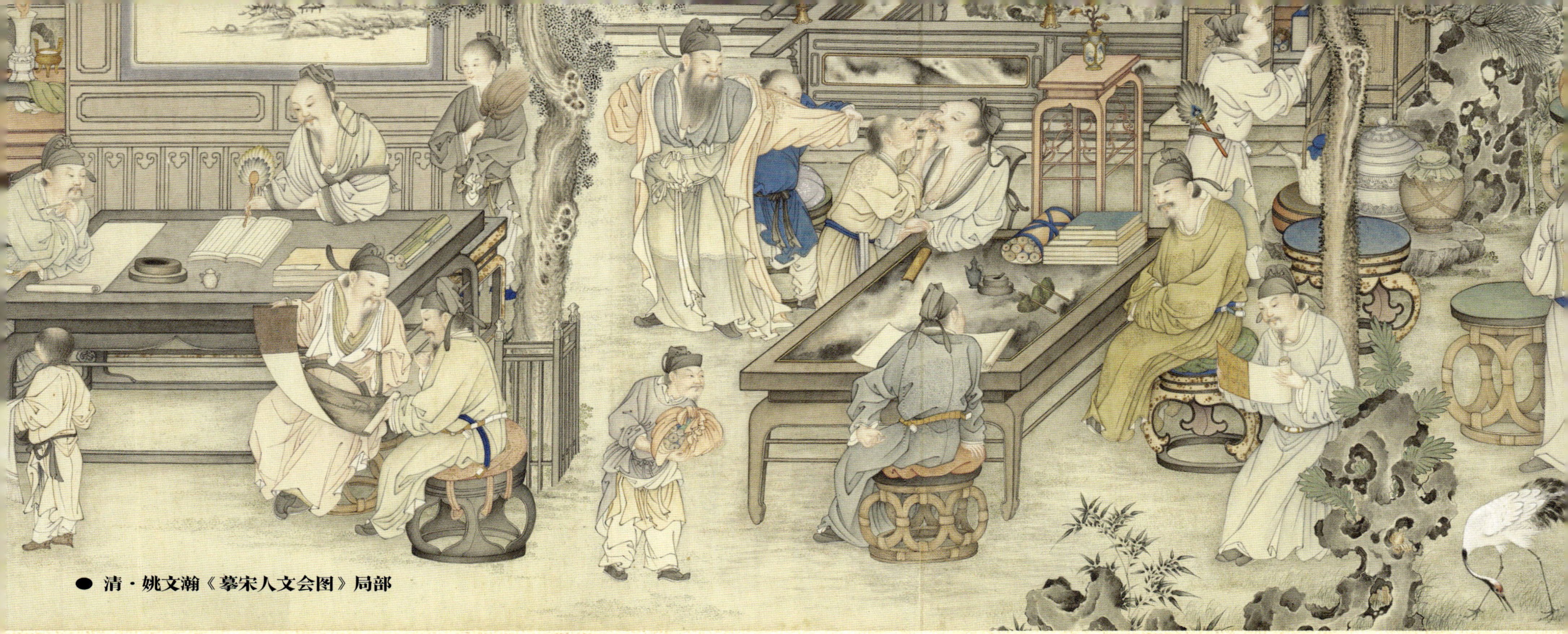

● 清·姚文瀚《摹宋人文会图》局部

## 古代竟然也有冰箱

在古代，也有冷藏食物的器物，名叫“冰鉴”。冰鉴有两种：一种冰鉴有两层，两层中间有较大的空隙，这个空隙是用来放冰的，内层的容器可以放入食物、饮料等；另一种是大箱子式的，冰放在箱子里面，食物直接放在冰上。冰鉴有青铜的，也有木制的。

## 唐代的冰激凌——酥山

在唐代，酥是一种奶制品，人们将酥加热到近乎融化的状态，然后滴淋在器皿里，一边淋一边做出山峦的造型，做好之后再将其放到冰窖中冷冻，最后还会插上花朵、彩树等装饰品作为点缀。除了白色的酥山，还有红色、绿色的酥山。

## 琳琅满目的冰雪制品

在宋代，用冰制成的消暑品琳琅满目，有“冰雪冷圆子”“雪泡豆儿水”“冰雪甘草汤”“生腌水木瓜”等。

冰雪冷圆子：将炒熟的黄豆粉、糖加水后团成小团子，放入冰水里。

冰雪甘草汤：用甘草、砂糖和清水熬成汤，自然冷却后加磨碎的冰屑。

生腌水木瓜：将木瓜切成小块儿后泡到冰水里。

至于雪泡豆儿水，和我们现在喝的冰镇绿豆汤很像。除此之外，人们还把果汁、牛奶、药菊、冰块等混合调制成冰冻的饮品，取名“冰酪”。

● 清·姚文瀚《卖浆图》局部

# 茶

茶，作为中国传统的饮品，在中华大地上流传了千年。在这千年里，饮茶的方式也发生着变化。中国人喝茶，主要有煎茶法、点茶法和冲泡法等。

## 煎茶法

听到煎茶法，你会想到什么呢？唐代流行的煎茶法，可能完全超乎你的想象。唐代人煎茶，会先将茶叶放在火上烤一下，让茶叶散发出清香。然后，将烤过的茶叶放入茶臼或茶碾中碾成碎末，用茶罗筛一筛，倒入水中煮沸。

唐代的人们，除了会在水里放入茶末外，还会放盐、胡椒等调料。味道一定很独特吧！

## 点茶法

宋代流行点茶。点茶有固定的流程，首先把茶叶磨成茶末，并用罗筛出更细的茶粉。然后将茶粉放入茶杯，先少倒一点儿沸水，将茶叶调成黏稠状。最后一边倒水，一边用茶筅搅浮杯盏中的茶汤，使茶汤泛出泡沫。

点茶可是一个技术活，难度比较高，点茶的高手被称为“三昧手”。

● 清·佚名《柳荫斗茶图》局部

## 冲泡法

明代以后，人们发明了炒青制茶法，冲泡法开始流行，这种饮茶方法，一直流传到了今天。

## 有趣的品茶游戏

宋代人还喜欢斗茶。斗茶怎么斗呢？一是比谁的茶叶品质好，二是比谁的点茶技术高。点茶技术高低怎么评判呢？一是看汤色，谁的汤色白，说明谁的茶叶鲜嫩，采制水平高；二是看茶汤表面的浮沫，浮沫紧紧地“咬着”杯盏，久聚不散，谁的点茶技术就高。

宋代的文人雅士还喜欢茶百戏，又叫“分茶”。分茶怎么分呢？用工具在茶汤表面的浮沫上画出多种多样的图案，比如花鸟鱼虫、云雾山水等等，是不是和今天的咖啡拉花很像呢？不过茶汤的浮沫很快就会消失，所以茶百戏的难度是非常大的。

古代的人还真的是很会玩呢！饮茶的时候还会斗茶令，一个人做令官出题，其他人听令官的号令，按要求答题，答不上来，就会有相应的惩罚。宋代词人李清照特别喜欢斗茶令。她和丈夫每次吃完饭后都会饮茶、斗茶令。一个人说出一个典故，另一个人要说出这个典故出自哪本书，在第几卷、第几页、第几行，说中的人获胜，可以先喝一杯茶。李清照记忆力超强，所以经常获胜。有一天，李清照又赢了，结果太高兴了，把茶杯都打翻了。

明·仇英《清明上河图》局部

# 水　果

我们现在所说的蜜饯，在宋代也称作“蜜煎”。随着宋代果品的种类增加，加工技术有了很大的提升，水果、蔬菜的吃法也变得多种多样。人们会用常见的梨、桃、梅做蜜饯，还会用冬瓜、木瓜、金橘、鲜姜、嫩笋做蜜饯。

宋代的人喜欢吃蜜饯，还成立了专门的机构——蜜煎局，研发、寻找好吃的蜜饯。

## 雕花蜜饯

雕花蜜饯就是用蜜饯做出各种各样的造型。常见的雕花蜜饯有雕花青梅、雕花金橘、雕花橙子等。在宋代的筵席中，少不了雕花蜜饯。人们用蜜饯雕出花、鸟，还会用蜜饯表现一个完整的故事呢。宋代的宴会上，蜜煎局曾在七夕这一天雕出《鹊桥仙》的故事，供大家观赏。

## 珑缠

宋代人除了用水果做蜜饯外，还会做珑缠——将水果洗净或者切好后，在水果的表面缠绕糖霜或者糖丝。

宋·李志《桃枝翠鸟图》局部

桃子

宋·佚名《榴枝黄鸟图》局部

石榴

宋·佚名《香实垂金图》局部

橘子

宋·佚名《离支伯赵图》局部

荔枝

宋·林椿《葡萄草虫图》局部

葡萄

宋·林椿《枇杷山鸟图》局部

枇杷

● 宋 · 马世昌《樱桃黄雀图》局部

**樱桃**

## 宋代人做饭也会用水果

宋代人会用杨梅包粽子，用杏熬粥、用山桃做蟠桃饭、用李子做大耐糕，水果的用途是不是很广呢？宋代人还用梅子、橙子制成果酱，用来烧菜。比如蟹酿橙、虾橙脍，只看名字就知道做菜的时候少不了橙子。

据说，三国时期吴人董奉，隐居庐山，为人治病不收报酬，只求治愈的病人为他种几棵杏树，数年后竟成了一片杏林。杏成熟后，董奉又用成熟的杏换粮食救济贫民。人们尊称他为“董真君”。为纪念董奉，人们又把杏子粥称为“真君粥”。

相传北宋天禧元年（1017年），官员向敏中被真宗皇帝任命为仆射。真宗想，向敏中升官，必然宾客盈门，于是派人去查看。谁料向敏中闭门谢客，派来的人担心闭门是假象，于是偷偷跑进厨房，一问，向敏中上任后没有办过一场酒席。真宗得知后，很欣赏向敏中清廉自守、宠辱不惊的品质，称赞向敏中是“大耐”。向家后人制作了大耐糕作为纪念。

● 宋 · 林椿《果熟来禽图》局部

**苹果**

## 水果还能用来做什么呢

水果可以做药材，比如红枣、木瓜等。水果还有一种独特的果香，因此，人们还会用水果制香呢。

南山寿

清·孙温《红楼梦》局部

# 筷　子

我们中国人是筷子的发明者；筷子，是我们日常生活中必不可少的餐具；筷子，也蕴含着中国人的礼仪、智慧和文化。

## 筷子也有很多名字

不同的时期，筷子有不同的叫法：先秦的时候叫“梜（jiā）”；秦汉的时候叫“箸”；直到宋代，才有了“筷”的称呼，但是“筷”这个字，是在明代才有的。

## 中国人使用勺子的历史更悠久

在古代，中国勺子的通用名是“匕”，曾经有过“匙”的叫法。考古学家发现，中国人最早使用勺子进食是在距今七八千年前的新石器时代。中国新石器时代农作物品种主要是水稻和粟。南方湿润，种植水稻；北方干旱，种植粟。这两种谷物的烹饪比较简单，加水煮成粥或者饭就可以了。热腾腾的粥、饭，特别是半流质的粥食，不能直接用手抓，怎么办呢？勺子被发明出来了。最初，人们用随手捡来的兽骨骨片或蚌壳直接当勺子。时间一长，人们不再满意骨片长长短短的自然状态，开始尝试加工，于是真正意义的勺子就制作出来了。之后，随着时代的发展，制作水平逐渐提高，勺子也变得更加实用、精致了。

## 勺子和筷子的搭配使用

古代中国人在进食时，勺子与筷子通常是配合使用的。周代，人们吃饭既用勺子，也用筷子，勺子和筷子的分工相当明确，两者不能混用。筷子是用来夹菜的，不能用它去夹取别的食物。人们吃米、粥时不能用筷子，一定得用勺子。在汉代，勺子和筷子也是一起用的。汉代以后，正式的筵席，勺子、筷子要一起使用；有一定身份的人平时吃饭，也要勺子、筷子一起用，不敢马虎。

## 简单的筷子也可以锻炼身体的协调能力

筷子的设计和制作，是科学、技术与审美的结合。筷子的设计使用了杠杆原理，只不过，它的设计使用的是费力杠杆原理。

根据国内外专家实验发现，一个人在使用筷子的时候，将筷子从筷子尖对齐，到夹取食物放入嘴里，需要大脑、眼、口、手、手臂、手腕等的配合，在这个过程中，至少有50块肌肉、30个关节同时运动，工作的神经元更是不知道有多少了。据说，机器人设计时，测试机器人灵活度的时候会让机器人用筷子夹取食物呢！

相传尧舜时代，洪水泛滥成灾，舜命禹去治理水患。大禹受命后，三过家门而不入，日日夜夜和凶水恶浪搏斗。有一天，大禹乘船来到一个岛上，饥饿难忍，就架起锅煮肉。肉煮熟后，因为烫手无法用手抓食。大禹不愿浪费时间，他要赶在洪峰前治水，所以就砍下两根树枝把肉从热汤中夹出，吃了起来。从此，大禹练就了熟练使用细棍夹取食物的本领。手下的人见他这样吃饭，也纷纷效仿。这便是筷子的雏形。

清·孙温《红楼梦》局部

# 糕　点

中国人喜欢吃糕点，过节、重要的宴会、日常生活中，糕点必不可少。

## 糕点的历史

在周代，已经出现了糕点，不过那时候的糕点，用于祭祀。

随着制作工艺的提高、工具的普及，糕点在汉代得到了普及。汉代的糕点品种丰富，出现了圆形、烤制的糕点。“糕”这个字，也是在汉代出现的。

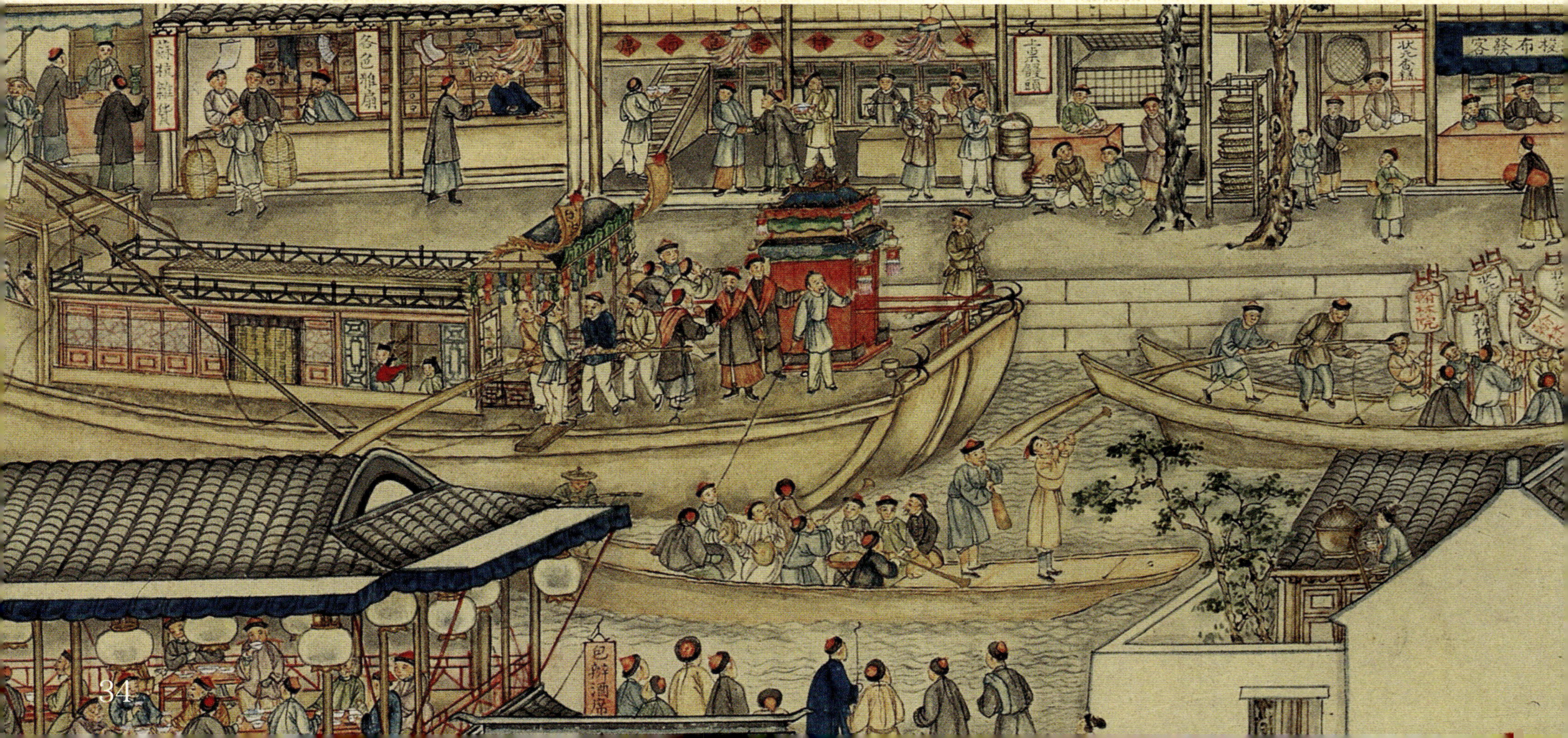

到了唐代，制作糕点的原材料越来越丰富，制作糕点的辅料也出现了水果、鲜花、海鲜等。花朝节食用的的百花糕，就是用鲜花与糯米一起捣碎蒸制的。重阳节除了吃重阳糕，还能吃到麻葛糕、米锦糕、菊花糕等。唐代糕点的款式也多种多样，有紫龙糕、花折鹅糕……

宋代的糕点在唐代糕点的基础上有了进一步的发展。宋代会用有药用价值的食材做糕点。比如松黄饼中的松黄和富贵神仙饼中的白术、菖蒲都是中药药材。

清·徐扬《姑苏繁华图》局部

在清代，糕点的种类愈加丰富。主要原料包括谷物、水果、蔬菜、坚果、花卉、豆类等。谷物类糕点有黍糕、荞麦糕、雪花饼、粉干、年糕、五香糕等；水果类糕点有苹果糕、苹果饼、葡萄糕、橘皮糕、柿饼、梨糕、雪梨糕、樱桃糕等；蔬菜类糕点有紫苏饼、山药糕、萝卜糕、芋子饼等；坚果类糕点有松仁糕、桂圆糕、花生糕、胡桃饼、桃仁酥、杏仁饼、栗糕、栗饼等；花卉类糕点有玫瑰卷酥、玫瑰糕、桂花糕、桂花饼等；豆类糕点有绿豆糕、黄豆糕、扁豆糕等。

## 糕点的模具

你见过糕点的模具吗？是什么材质的呢？其实，唐代模具是用木头制成的。糕点模具的发展，既是唐代文化繁荣的体现，又丰富了糕点的外形、规范了糕点的分量，促进了糕点制作工艺的发展。

明代普遍使用模具制作糕点，普通的模具称为“脱”，还有用羊角、象牙、银、铜做成的模具。

相传，唐明皇十分喜爱戏曲。有一年，他带了一名随从，微服至嘉善西塘镇，忽然传来丝竹之声，他便寻声找到一户人家，几个老者见进来两位陌生人，忙让座、献茶。原来，这户人家母子二人，母亲瘫痪在床，全靠儿子服侍。今天是小伙子二十岁的生日，邻居们凑钱请了一个戏班子来热闹一番。唐明皇觉得耳目一新，不住叫好。当他们感到饥肠辘辘时，才知道过了很长时间。唐明皇想去饭庄用膳，又舍不得离开，便悄悄吩咐随从去买点儿食物。结果，被一位老人听见，老人赶忙取来小伙子自己做的糕点——是一种用白米磨成粉做的糕，松软香甜。唐明皇既饱了耳福，又饱了口福，非常高兴。

唐明皇回宫后，忽有一日想起了在西塘吃过的糕点，便让小太监宣读圣旨，叫小伙子进京做糕。

小太监来到西塘，找到那户人家，连声高喊："接圣旨。"谁知道虚掩的门中竟无人应答，他向邻居一打听，才知道小伙子进京城赶考去了。唐明皇听了小太监的禀奏，心想：京城考生成千上万，到哪儿去找做糕的小伙子呢？他灵机一动，想出一道特别的考题——做糕点。这下，考生们乱套了。只有那个西塘的小伙子得心应手，顺利地把好吃的糕做了出来。唐明皇一尝，龙颜大悦，钦点小伙子为状元。做糕的人中了状元，被传为佳话。状元做的糕，自然也叫作"状元糕"了。

宋·赵佶《唐十八学士图》局部

● 元·钱选《五蔬图》

# 蔬　菜

可以食用的草称作“蔬”，这说明蔬菜最初的来源是野生植物。

## 古人的饮食观

《黄帝内经》中提到：五谷为养，五果为助，五畜为益，五菜为充，说明中国人在古代就强调食物的多样性。

谷物、水果、肉类、蔬菜，都要吃。

## 五菜是哪五菜

五菜分别指葵、藿、韭、薤（xiè）和葱。“葵”，又叫露葵、滑菜，食用的时候，只掐嫩叶。“藿”是大豆的嫩叶，穷苦人家用来做羹，不过古时的羹和现在不一样，是有汤水的菜。“韭”是早春的蔬菜。“薤”又称野蒜、山葱，根像蒜，白色的球状鳞茎称薤白。薤在古代，既能作为调料，又能作为蔬菜。“葱”，原产于中国，既能作调味品，也能做一道菜，还有治疗疾病的功效。到今天，葵、藿、薤很少有人吃了，但是韭、葱依然深受人们的喜爱。

## 除了五菜，古人还吃什么菜

葑（fēng），又叫蔓菁，俗称大头菜。

菲，即萝卜。

壶，即葫芦，内瓤在古代也是一种重要的蔬菜。

菘（sōng），就是今天所说的大白菜。

## 古人都能吃到哪些外来蔬菜

从西汉开始，我国通过丝绸之路引进了多种蔬菜，这些蔬菜不仅丰富了中国人的饮食，也成为丝路文明的见证。

部分外来蔬菜表

| 秦汉 | 魏晋南北朝 | 隋唐五代 | 宋元 | 明 | 清 |
|---|---|---|---|---|---|
| 苜蓿 | 茴香 | 莴苣 | 胡萝卜 | 辣椒 | 西葫芦 |
| 黄瓜 | 莳(shí)萝 | 菠菜 | 丝瓜 | 番茄 | 笋瓜 |
| 豇豆 | 莙荙(jūn dá) | 刀豆 | | 甘薯 | 西芹 |
| 豌豆 | 茄子 | | | 南瓜 | 花椰菜 |
| 大蒜 | | | | 豆薯 | |
| 香菜 | | | | 马铃薯 | |

## 寒冷的冬天古人也能吃上新鲜的蔬菜

唐代，人们不但用烧火坑的方式种植蔬菜，还利用温泉附近的天然温暖来种植蔬菜，以保证冬季的蔬菜供应。相传，西晋的全国首富石崇与晋武帝司马炎的舅舅王恺斗富时，因为在寒冬腊月端出了韭菜，让王恺颜面尽失。但王恺哪里知道，石崇端出的韭菜，其实是他把麦苗掺在了韭菜里，糊弄大家罢了。

## 古人也会无土栽培吗

明朝初年的《种树书》记载了水发绿豆芽的方法，并第一次把绿豆芽称为“豆芽菜”。

## 豆腐的发明

西汉淮南王刘安在炼制仙丹时，无意中发现了豆腐的制作方法。